目录

电从远方来

电能的生产

电能的生产有多种方式，包括火力发电、水力发电、风力发电、太阳能发电以及核能发电。截至2012年底，我国水电、核电、风电、太阳能发电和生物质发电的装机容量约占我国电力总装机容量的28.5%。

截至 2012年底

 我国水电装机容量达2.5亿千瓦。

 我国火电装机容量达8.2亿千瓦。

 我国并网风电达6142万千瓦，风电发电量达1031亿千瓦·时，取代美国成为世界第一风电大国；国家电网调度范围并网风电达5676万千瓦，成为全球接入风电规模最大、增长速度最快的电网。

  我国太阳能发电并网装机容量达341万千瓦。国家电网公司经营区域光伏发电并网314万千瓦，同比增长40.2%，国家电网成为全球光伏发电增长最快的电网。

 我国核电装机容量达1257万千瓦。预计到2017年，我国运行核电机组装机容量达5000万千瓦。

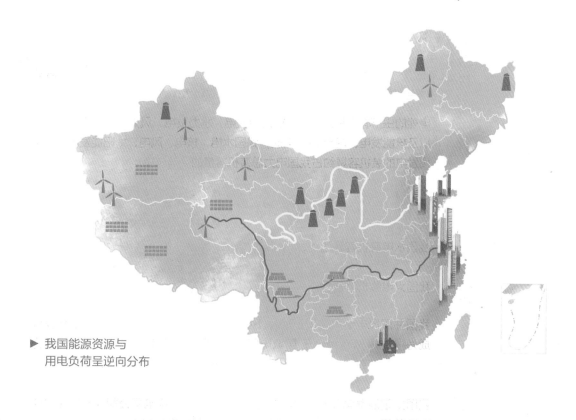

▶ 我国能源资源与
用电负荷呈逆向分布

电从远方来

我国能源资源和用电负荷地理分布不均衡，东部地区经济相对发达，能源需求量较大，但能源资源相对贫乏；中西部地区经济总量相对较小，能源需求量小，但能源资源丰富。过度依赖输煤的能源配置方式和就地平衡的电力发展方式，既不安全，又不可持续。

电从远方来，就是把西部、北部的火电、风电、太阳能发电和西南水电远距离、大规模输送到东中部，实现资源更大范围优化配置。

电能的传输

由发电、输电、变电、配电和用电五个环节组成的电力生产、输送与消费系统叫做电力系统。在电力系统中，电网是联系发电和用电的设施和设备的统称，主要由输电线路、变电站、配电所和配电线路组成。

输电线路：35千伏及以上的电力线路
配电线路：10千伏及以下的电力线路

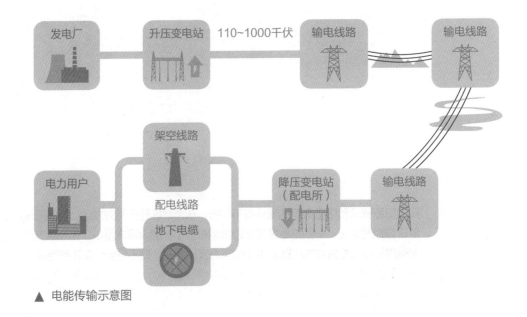

▲ 电能传输示意图

国家电网公司在特高压、智能电网领域取得了一大批国内外领先的创新成果，掌握了拥有自主知识产权的核心关键技术，走出了一条中国特色的电网企业创新发展之路。

电从远方来

● **特高压**

在我国，特高压技术是指电压等级为交流1000千伏及以上和直流±800千伏及以上的输电技术，是当今世界电压等级最高、最先进的输电技术，具有输送容量大、输电距离长、输电线路损耗少、占地面积相对较小、投资相对较少等优势。

● **坚强智能电网**

坚强智能电网是以特高压电网为骨干网架、各级电网协调发展的坚强网架为基础，以通信信息平台为支撑，具有信息化、自动化、互动化特征，包含电力系统的发电、输电、变电、配电、用电、调度六大环节，覆盖所有电压等级，实现"电力流、信息流、业务流"的高度一体化融合，具有**坚强可靠**、**经济高效**、**清洁环保**、**透明开放**和**友好互动**内涵的现代电网。

电能的消费

当今世界，经济社会发展对能源的依赖程度不断增加，生态和环境对能源发展的约束越来越强。从终端能源消费看，化石能源比重持续下降，而电力比重大幅提高，清洁能源所占比重越来越大 。

1971~2009年

煤炭、石油、天然气等
化石能源在世界终端消费中的比重下降了

9 个百分点

电能所占比重
几乎翻了

1 番

电能所占比重
2009年达到

17.3 %

2010年部分国家人均用电量（单位：千瓦·时/人）

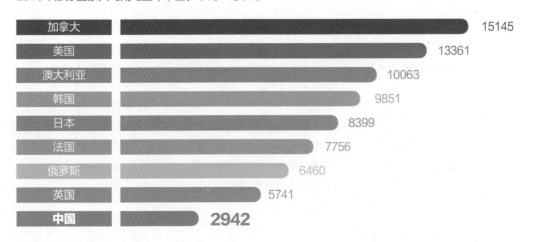

国家	人均用电量
加拿大	15145
美国	13361
澳大利亚	10063
韩国	9851
日本	8399
法国	7756
俄罗斯	6460
英国	5741
中国	**2942**

近年来，在我国终端能源消费中，优质能源消费需求增长明显加快，比重逐渐增加；煤炭在终端能源消费结构中所占比重持续下降。

2010年

部分国家及地区电能
占终端能源消费的比重（％）

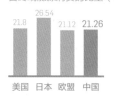

21.8	26.54	21.12	21.26
美国	日本	欧盟	中国

我国终端能源消费总量为

22.8 亿吨标准煤

煤炭比重比1990年下降约

25 个百分点

电能比重上升约

12 个百分点

电从远方来

世界能源消费电气化趋势

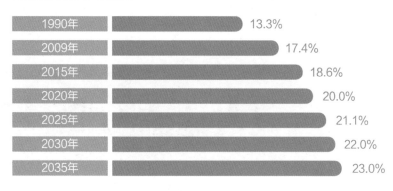

1990年	13.3%
2009年	17.4%
2015年	18.6%
2020年	20.0%
2025年	21.1%
2030年	22.0%
2035年	23.0%

2011年，
我国一次能源消费量为

34.8 亿吨标准煤

石油消费量

6.5 亿吨标准煤

天然气消费量

1.7 亿吨标准煤

煤炭消费量

23.8 亿吨标准煤

其中，用于直接燃烧煤炭

7 亿多吨

能源与环境

燃煤（油）是造成城市大气污染的重要因素。电能在终端消费环节属于零排放能源，且能源转换效率明显优于煤和油。构建以电为中心，安全、高效、清洁、经济的能源供应体系，将中西部的煤炭就地转化为电能，同时把西部、北部丰富的风电、水电等清洁能源通过特高压输电网络输送到城市负荷中心，可有效减少城市大气污染物（如PM2.5）排放。

电从远方来

PM2.5

PM2.5是指大气中直径不大于2.5微米的颗粒物，也称为可入肺颗粒物。它的直径还不到人的头发丝粗细的1/20。PM2.5对空气质量和能见度等有重要的影响。与较粗的大气颗粒物相比，PM2.5粒径小，含有大量的有毒、有害物质，且在大气中的停留时间长、输送距离远，对人体健康和大气环境质量的影响更大。

50%~60%的PM2.5源于燃煤，
20%~30%的PM2.5源于燃油。

北京PM2.5的污染源中

机动车排放污染	煤炭污染	工业喷涂污染	城市扬尘污染
22%	16.7%	16.3%	16%

机动车尾气和直燃煤是产生PM2.5的重要污染源。

家庭巧用电

电能是家庭生活中使用最多、最广泛的能源。随着水能、风能、太阳能等可再生能源越来越多地转化为电能，在家庭中多用电、巧用电，不仅能减少煤炭、石油、天然气等化石燃料的消耗，而且用电来取暖、照明、烹煮食物、驱动机械、传达信息等更安全、更便捷、更环保。家庭用电量的多少也反映了人们生活质量的高低。

美国

1993年左右，家庭年人均用电量

3950 千瓦·时

2008年，每户每月用电量达

920 千瓦·时

芬兰　瑞典

2003年，家庭年用电量是欧洲平均值的

2 倍多

日本

如何安排好家务错峰用电是家庭主妇的必修课

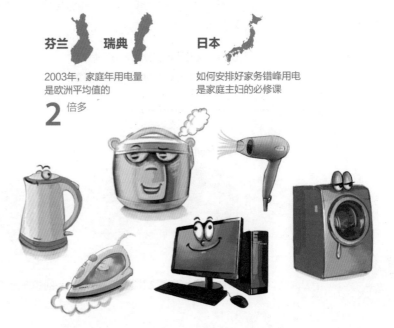

电采暖

电采暖就是用电来实现取暖，是一种将电能转化成热能直接放热，或通过热媒介质在采暖管道中循环，来满足供暖需求的采暖方式或设备。

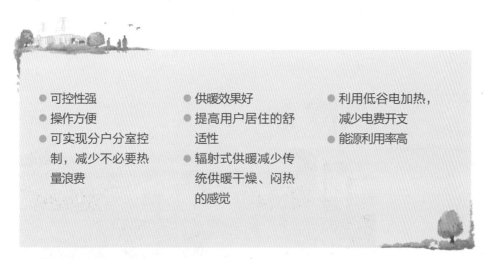

- 可控性强
- 操作方便
- 可实现分户分室控制，减少不必要热量浪费
- 供暖效果好
- 提高用户居住的舒适性
- 辐射式供暖减少传统供暖干燥、闷热的感觉
- 利用低谷电加热，减少电费开支
- 能源利用率高

发热电缆、电热膜等电采暖技术舍弃管道、管沟、散热器片等设备，节省建筑空间，约可增加 3 % 的使用面积。

电暖器

电暖器属于分散式电采暖，广泛用于

       等各类民用与公共建筑。

住宅　办公室　宾馆　商场　医院　学校　火车车厢

电热膜

电热膜是一种通电后能发热的半透明聚酯薄膜，由可导电的特制油墨、金属载流条经印刷、热压在两层绝缘聚酯薄膜间制成。

- 安装时不占用室内空间
- 工作时表面温度在40~60℃，不会引起烫伤、爆炸、火灾等事故
- 运行稳定，安全可靠
- 大部分热量以辐射方式送入房间，感觉温暖舒适
- 可随意调节室内温度

- 节省采暖运行费用
- 对电网实现削峰填谷
- 洁净、节能、方便、舒适

相变蓄热电热地板

相变蓄热电热地板是一种新颖的采暖方式。它利用蓄能材料把电热膜或电缆所消耗的夜间低谷电转换为热能储存起来，供白天采暖。

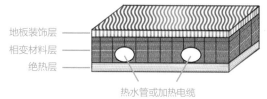

地板装饰层
相变材料层
绝热层
热水管或加热电缆

电锅炉

电锅炉采暖属于集中式电采暖，其产生的热媒（热水或蒸汽）由集中供热管道输送到每个房间，多用于一幢楼宇或建筑密集的居民、商业小区供热。

- 将清洁的电能转换为热能
- 能源转换率高
- 污染排放少
- 控制灵活、使用方便
- 维修便捷
- 蓄热式和相变式电锅炉可利用低谷电节省电费

家庭巧用电

北京市"煤改电"工程

国网北京市电力公司自2003年起开始实施"煤改电"工程。"煤改电"后，蓄热密度明显增大，采暖热舒适度大大提高，具有较好的发展前景。

以平均每户一间 **15** 米^2 计算，

安装一台 **3.2** 千瓦的蓄热式电暖器，

每晚21：00~次日早6：00时加热 **9** 小时，

每小时耗电 **3.2** 千瓦·时，在低谷电价时段每千瓦时 **0.3** 元。

若享受 **0.2** 元/（千瓦·时）的补贴政策，

政府给居民每千瓦时 **0.2** 元补贴，居民自掏 **0.1** 元，

每户一个采暖季（约150天）平均花费 **432** 元左右，

约合 **28.8** 元/米^2。

乌鲁木齐市小区采用电采暖供热

乌鲁木齐汇三江电住宅小区采用电采暖方式供热，该项目包括54栋楼房，总建筑面积84560米^2，电采暖铺设功率为90瓦/米^2，总铺设功率为7610.4千瓦。

一个供暖季（新疆地区按183天计）峰谷平用电量

531.48 万千瓦·时

总电费

200.43 万元

单位面积采暖费用

23.70 元/米^2

从费用上看，电采暖与传统采暖方式相比基本持平。但是从采暖方式的灵活性、可控性以及舒适性等来看，电采暖更具优势。

家庭巧用电

热泵

热泵是一种能从自然界的

空气

土壤

水

中获取低品位热能，经过电力做功，输出高品位热能的设备，避免了燃煤、燃油等产生的污染，具有良好的综合能效比。

根据热泵所吸收的可再生低位热源的种类，热泵可分为：

空气源热泵　　　**水源热泵**　　　**地源热泵**

- 利用可再生能源
- 高效节能
- 对大气环境无污染
- 功能多、应用范围广
- 维护简单，维护费用低

- 可靠性及自动控制程度高
- 使用寿命长，可达20年甚至50年以上
- 非常适合住宅小区，以及别墅、复式等面积较大的建筑

小区居民使用空气源热泵热水器安全节能

某小区480户居民统一安装了空气源热泵热水器，使用3年间，设备整体运行状况良好，累计节约电费支出约86.4万元，且安全、节能、舒适、经久耐用，使用寿命达15年。

以加热1吨15℃自来水至55℃为例，对比各种加热方式所需成本如下：

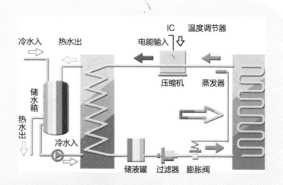

方式	耗能	单位价格	单位成本
空气源热泵热水器	13.3千瓦·时	0.6元/（千瓦·时）	7.98元
液化气	5.3千克	4元/千克	21.2元
天然气	6.2米³	2.2元/米³	13.64元
管道煤气	15.0米³	0.9元/米³	13.5元
柴油锅炉	4.6千克	4.6元/千克	21.16元

由此可知，空气源热泵热水器加热1吨水费用为天然气加热成本的 **58.5**%，

仅为柴油锅炉的 **37.7**%，**节约成本效果明显。**

家庭巧用电

电动汽车

电动汽车是由电池提供动力，用电动机驱动车轮行驶的车辆。目前油价不断上涨，而电池储电量及使用寿命不断增加、充放电性能日益提高，纯电动汽车将逐渐步入普通家庭。

- 起步快，污染物零排放
- 噪声小，能耗低，减少石油资源消耗
- 等候交通信号和交通拥堵时不耗能
- 一般充一次电可行驶80~160千米，可满足城市出行需要

- 纯电动乘用车续驶里程80千米以上、150千米以下补贴 3.5 万元/车；150千米以上250千米以下补贴 5 万元/车；250千米以上补贴 6 万元/车。

——《关于继续开展新能源汽车推广应用工作的通知》（财建〔2013〕551号）

电炊具

电炊具按加热方式可分为电磁加热炊具和直热式电炊具。电磁加热炊具主要包括电磁炉、微波炉等；直热式电炊具主要包括电饭煲、电水壶等。

从能效水平看，电炊具的热效率可达90%以上，远远高于传统燃气灶仅55%左右的热效率水平。

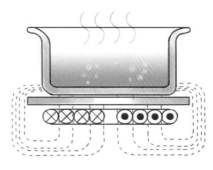

▲ 电磁炉工作原理

家庭巧用电

- 热效率高
- 无污染
- 清洁干净
- 使用便捷
- 安全可靠

电热水器

电热水器可分为储水式、即热式和速热式三种。

从能效水平看，电热水器的热效率可达**95**%，高于燃气热水器**85**%的热效率水平。

热效率

热效率是指对于特定热能转换装置，其有效输出的能量与输入的能量之比，一般用百分比表示。瓦特对蒸汽机的改良就是一个提高热效率的过程。

储水式热水器
- 安装简单
- 使用方便
- 不受楼层气压差异影响

即热式热水器
- 出热水速度快
- 热水量不受限制
- 体积小，外观精致
- 安装、使用方便快捷
- 即用即开，耗能少

速热式热水器
- 出热水速度快
- 热水量大
- 预热时间短
- 功率低，能耗省

智能家居

在007的系列电影中，经常可以看到詹姆士·邦德通过手机遥控他的座驾和家里的一些设备；《钢铁侠2》中斯塔克高科技味十足的家居和办公环境也深深吸引了人们的眼球。现在，像他们一样坐拥"聪明"的家已成为现实，那就是智能家居。

- 充分集成家居设施，便捷高效
- 提升家居安全性、便利性、舒适性、艺术性
- 环保节能

智能家居

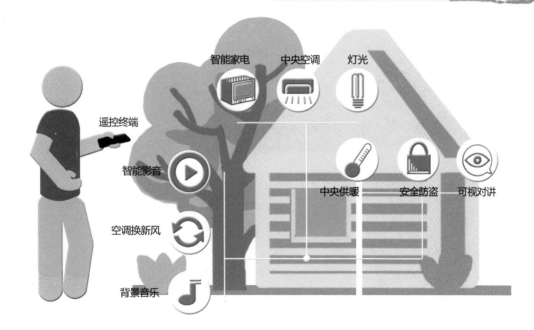

智能家电　中央空调　灯光

遥控终端

智能影音

空调换新风

背景音乐

中央供暖　安全防盗　可视对讲

智能电视、云电视

智能电视

- 具有全开放式操作平台，搭载了操作系统
- 用户可自行安装和卸载软件、游戏等
- 可通过网线、无线网络连接互联网

云电视

- 海量存储
- 可远程控制
- 能实现软件更新和内容的无限扩充
- 无需用户对操作平台和操作系统升级、维护等

智能冰箱

- 自动进行冰箱模式调换，始终让食物保持最佳存储状态
- 可通过手机或电脑，随时了解冰箱里食物的保鲜保质信息
- 可提供健康食谱和营养禁忌
- 可提醒用户定时补充食品等

智能吸尘器

- 配备了微电脑系统，可按设置清洁房间的某一部分或全部
- 自动识别判断家庭环境，计算行走路径
- 自动清扫地板上的灰尘、毛发和碎物
- 清扫任务完成后，自动返回充电

智能家居

家庭用电常识

智能电能表

具有计量计费功能

- 装备智能芯片，计量准确
- 实现分时计量，让您用相同的电，花最少的钱
- 记录用电习惯，让用电更科学，让生活更低碳

具有监测控制功能

- 电费余额不足时，自动报警，让您省心省力
- 远程抄表、远程通知、远程控制，让您免受打扰
- 电量、电费查询简单方便，让您轻松掌握用电信息，消费自主透明

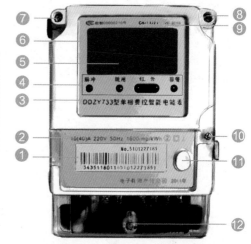

① 条形码区域	⑤ 液晶区域	⑨ 许可证及标准
② 电流、电压等常数	⑥ 铭牌	⑩ 编程按钮盖铅封
③ 电能表型号及名称	⑦ 上盖铅封	⑪ 轮显按钮
④ 电能表指示灯	⑧ 上盖铅封	⑫ 端子盖铅封

具有节能减排功能

- 具备双向计量、双向控制，支持分布式能源接入
- 计量手段灵活，方便电动汽车充放电
- 调控手段多样，促进电能综合利用

具有信息服务功能

- 可靠性、安全性高，寿命长，使用放心
- 信息加密，数据存储长久，使用安全
- 支持智能小区建设，实现社区服务、公共服务全面增值

节能产品和认证

节能产品是指符合与该种产品有关的质量、安全等方面的标准要求，在社会使用中与同类产品或完成相同功能的产品相比，它的效率或能耗指标相当于国际先进水平或达到接近国际水平的国内先进水平的用能产品。根据《中华人民共和国节约能源法》及《中国节能产品认证管理办法》的有关规定，只有通过国家相关权威机构的节能认证，才能在产品宣传时冠以"节能"字样、粘贴节能标志。

中国能效标识

2004年8月，国家发展和改革委员会、国家质量监督检验检疫总局发布了《能源效率标识管理办法》，标志着能效标识制度在我国正式建立。自2005年3月1日起，凡符合能效标准的空调和冰箱必须加贴"中国能效标识"的统一标签才允许在市场上出售。

家庭用电常识

家庭节电常识

- 用高品质节能灯代替白炽灯，并提高照明效果。用11瓦节能灯代替60瓦白炽灯，按每天照明4小时计算，每支灯泡每年约可节电71.5千瓦·时。

- 适当降低电视的亮度和音量，可延长电视使用寿命，且有益视听健康。

- 不能频繁开关空调。停机后最好等2～3分钟再启动，否则易引起压缩机烧毁，且耗电多。

- 减少打开冰箱门的次数。冰箱每开门1分钟，要使箱内温度恢复原状，压缩机就要工作5分钟，耗电0.008千瓦·时。

- 使用洗衣机的"强洗"模式，不仅节电，还可延长电动机寿命。

● 夏季空调温度设定在26~28℃为宜，每调高1℃，可节电5%。适当把制冷温度调高，再配合使用风扇，在人体感觉更舒爽的同时，总耗电量不增反降。

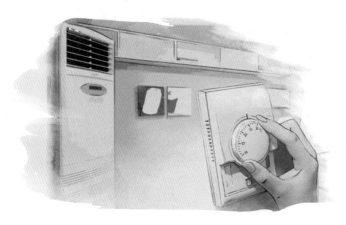

● 使用电热水器时根据季节选择预热时间和温度，既方便洗浴又节电。夏天可提前1~3小时预热，水温设定在40~60℃；冬天可提前3~5小时预热，水温设定在60~75℃。

● 选择功率适当的电饭煲省时又省电。煮1千克的饭，500瓦的电饭煲需30分钟，耗电0.25千瓦·时；而用700瓦电饭煲约需20分钟，耗电仅0.23千瓦·时。

● 电水壶的电热管结有水垢时，应及时消除，可延长电热管使用寿命，且可节电。

● 使用微波炉加热食物时，喷洒适量水分并覆盖上一层微波炉专用保鲜膜，不仅食物不容易流失水分，还更加节能。

家庭用电常识

家庭用电口诀

安全用电要牢记　家家幸福万事利

湿手不要摸电器　保持干燥要牢记
雷雨天气拔插头　保护电器不遗漏

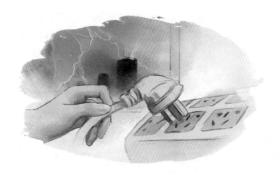

晾衣线绳和电线　保持距离莫搭连
高压线下别垂钓　容易触电危险高
电线落地不要捡　保持距离防触电

风雨雷鸣又闪电　电杆树下有危险
远离电线放风筝　挂上电线莫去碰

闲人莫近配电间　害人害己祸无边

杆塔变台不能登　小心触电把命丢
告诉朋友别淘气　莫对线路乱射击
有人触电手莫牵　伤员脱电最关键

编写人员（按姓氏笔画排序）：

马琳、王涌、石坤、杨硕、张昊伟、张涛、周莉、黄伟、曹荣、廉国海、潘富萍

图书在版编目（CIP）数据

绿色电能　服务万家：国家电网公司"蓝天行动"

宣传手册. 社区篇 / 国家电网公司营销部编. -- 北京：

中国电力出版社，2014.2（2014.4重印）

ISBN 978-7-5123-5095-3

Ⅰ.①绿… Ⅱ.①国… Ⅲ.①电力工业－节能－手册

Ⅳ.①TM-62

中国版本图书馆CIP数据核字(2013)第256390号

中国电力出版社出版、发行

（北京市东城区北京站西街19号 100005 http://www.cepp.sgcc.com.cn）

北京瑞禾彩色印刷有限公司印刷

各地新华书店经售

＊

2014年2月第一版　2014年4月北京第二次印刷

787毫米x1092毫米　24开本　1.5印张　60千字

定价8.00元

敬告读者